上海市住房和城乡建设管理委员会

上海市绿化市容工程养护维修估算指标

第一册 立体绿化

SH A2—42(01)—2024

同济大学出版社
2024 上 海

图书在版编目(CIP)数据

上海市绿化市容工程养护维修估算指标. 第一册，立体绿化：SH A2—42(01)—2024 / 上海市建筑建材业市场管理总站主编. --上海：同济大学出版社，2024.11. -- ISBN 978-7-5765-1405-6

Ⅰ. TU986.3

中国国家版本馆 CIP 数据核字第 202474ZG10 号

上海市绿化市容工程养护维修估算指标　第一册　立体绿化 SH A2—42(01)—2024

上海市建筑建材业市场管理总站　主编

责任编辑 朱　勇　**责任校对** 徐春莲　**封面设计** 陈益平

出版发行　同济大学出版社　　www.tongjipress.com.cn

（地址：上海市四平路 1239 号　邮编：200092　电话：021-65985622）

经　　销　全国各地新华书店

印　　刷　苏州市古得堡数码印刷有限公司

开　　本　890mm×1240mm　1/16

印　　张　2.5

字　　数　77 000

版　　次　2024 年 11 月第 1 版

印　　次　2024 年 11 月第 1 次印刷

书　　号　ISBN 978-7-5765-1405-6

定　　价　40.00 元

上海市绿化市容工程养护维修估算指标

第一册 立体绿化

SH A2—42(01)—2024

主 编 单 位:上海市建筑建材业市场管理总站

参 编 单 位:上海市绿化管理指导站

上海静安园林绿化发展有限公司

上海绿建园林绿化养护有限公司

上海一山景观工程有限公司

上海欧锦园林有限公司

上海绿金绿化养护工程有限公司

上海卓绿养护工程有限公司

主要编制人员:孙晓东 奉树成 李向茂 徐佩贤 蒋宏彦 田洁莹

冯 庆 王延洋 黄紫艺 崔海峰 陈 凌 赵 展

叶 华 李佳毅 朱春玲 王昊彬 张林娟 邹福生

王本耀 钟军珺 迟娇娇

审 查 专 家:徐 蓉 潘建萍 冯 闻 沈剑华 王黛虎

上海市住房和城乡建设管理委员会文件

沪建标定〔2024〕498 号

上海市住房和城乡建设管理委员会关于批准发布《上海市绿化市容工程养护维修估算指标 第一册 立体绿化(SH A2—42(01)—2024)》的通知

各有关单位：

为进一步完善本市建设工程计价依据，满足本市立体绿化养护维修的计价需求，根据市住房城乡建设管理委《2021 年度上海市工程建设及城市基础设施养护维修定额编制计划》(沪建标定〔2020〕490 号)及《上海市建设工程定额体系表(2020 版)》(沪建标定〔2020〕794 号)，由上海市建筑建材业市场管理总站组织编制的《上海市绿化市容工程养护维修估算指标 第一册 立体绿化(SH A2—42(01)—2024)》已完成编写并通过专家评审，现予以批准发布，自 2024 年 11 月 1 日起实施。

本次发布的定额由市住房城乡建设管理委负责管理，由市建筑建材业市场管理总站负责组织实施和解释。

特此通知。

上海市住房和城乡建设管理委员会

2024 年 9 月 25 日

总 说 明

《上海市绿化市容工程养护维修估算指标　第一册　立体绿化》(以下简称“本估算指标”)是根据《园林绿化养护标准》DG/TJ 08—19—2023、《立体绿化技术标准》DG/TJ 08—75—2022,并结合近几年上海立体绿化养护维修工程的实际施工情况进行编制的。

一、适用范围

本估算指标适用于本市行政区域范围内的立体绿化养护维修工程估算费用的计算。

二、作用

本估算指标可作为本市园林绿化管理部门编制和申请立体绿化年度日常养护维修经费的参考依据,也可作为本市各区财政拨款部门审核和拨付立体绿化年度日常养护维修经费的参考依据。

三、内容

本估算指标内容为立体绿化日常养护维修估算指标,包括屋顶绿化、垂直绿化、沿口绿化和棚架绿化,共 4 章 12 个子目。屋顶绿化包含花园式、组合式和草坪式 3 个子目。垂直绿化包含模块式 3.6 m 以下、模块式 3.6 m 以上、攀爬式 3.6 m 以下、攀爬式 3.6 m 以上和贴植式 5 个子目。沿口绿化包含高架沿口月季、三角梅和低维护类植物 3 个子目。棚架绿化有 1 个子目。

四、编制原则

1. 符合国家、行业及本市法律法规、行政规范性文件、现行各类养护标准、技术标准及计价标准的要求。

2. 反映出大多数养护维修企业在正常的作业条件及通常的机械化程度下,完成养护维修作业的社会平均水平。

3. 满足上海地区养护维修工程编制年度经费的需要,遵循统一性、适应性、时效性、简明性的原则。

4. 按统一的规则进行编制,术语、符号、计量单位等执行国家相关标准和规范,格式规范、语言严谨、数据准确。

5. 估算指标的编制与信息技术紧密结合,采用信息化手段编制,建立完善的数据库,提高估算指标的科学性、及时性。

五、编制依据

1.《上海市养护维修工程估算指标编制指南》(沪建标定〔2024〕36 号)。

2.《上海市住房和城乡建设管理委员会关于调整本市城市基础设施养护维修工程规费项目设置及费用计算等相关事项的通知》(沪建标定〔2024〕84 号)。

3. 现行养护维修标准、施工标准等:

(1)《园林绿化养护标准》CJJ/T 287—2018。

(2)《园林绿化养护标准》DG/TJ 08—19—2023。

(3)《立体绿化技术标准》DG/TJ 08—75—2022。

4. 工程建设造价管理相关规定、近几年养护维修工程相关资料,包括工程量清单、中标价、结算价、主要工料机用量表等。

5. 现行的养护维修工程预算定额、费用定额、计量和计价标准等,本市行业主管部门发布的相关养护管理规定:

(1)《园林绿化工程工程量计算规范》GB 50858—2013。

(2)《上海市建设工程定额体系表(2020 版)》。

(3)《上海市建设工程工程量清单计价应用规则》(2014 年)。

(4)《上海市建设工程施工费用计算规则》SH T0—33—2016。

(5)《上海市绿化市容工程养护维修预算定额　第三册　园林绿化养护》SH A2—41(03)—2018。

(6)《建设工程人工、材料、设备、机械数据编码标准》DG/TJ 08—2267—2018。

6. 上海市建筑建材业市场管理总站发布的指标基期人工、材料、施工机具(机械)台班等价格信息及其他市场价格信息。

7. 典型养护维修工程的实际数据及相关资料。

六、编制条件

根据本市大多数园林绿化养护企业,在正常的施工条件下,采用合理的施工方案和方法、合格(产品)材料、合理的机械配置和劳动人员组织进行编制。

七、工作内容

本估算指标项目中养护维修内容,仅列主要养护维修内容,已包括按标准完成该项目所列或未列的全部养护维修内容,不再另行增加。

八、指标单位

1. “高架沿口绿化(三角梅)”以 6 个月为养护周期的时间单位,其余项目均以 1 年为养护周期的时间单位。

2. 工程量计算依据立体绿化的实际存量为基础,以“m^2”为单位的,小数点后保留两位;以“箱”为单位的,应取整数。

九、人工、材料、机械消耗量和单价的取定

1. 人工

(1) 本估算指标中的人工以养护工表示。

(2) 本估算指标中的人工消耗量包括基本用工、辅助用工、超运距用工和人工幅度差在内的人工消耗量。

2. 材料

(1) 本估算指标中的材料、构件、成品、设备等均符合产品质量标准。

(2) 本估算指标中的材料消耗量包括净用量和损耗量。损耗量是指材料出库后的运输损耗、操作损耗、堆放损耗等各种损耗。

(3) 本估算指标所列材料均为主要材料,其他用量少、价值低、易损耗的零星材料已在主要材料费中统筹考虑。

(4) 肥料和药剂以“kg”为计量单位。药剂为原液,未兑水。肥料和药剂消耗量均不作调整,具体材料品种应根据实际需要采购。

3. 施工机具(机械)

(1) 本估算指标中的施工机具(机械)台班消耗量按普遍采用的常规施工方法,结合养护维修实际情况综合取定。

(2) 本估算指标中的施工机具(机械)以主要施工机具(机械)为主,辅助施工机具(机械)已包括在主要施工机具(机械)台班消耗量中。

(3) 凡单位价值在 2 000 元以内、使用年限在 1 年以内的不构成固定资产的施工机具(机械),未列入施工机具(机械)台班消耗量内,作为工具用具费用在企业管理费中列支。

4. 本估算指标的人工、材料、机械台班基期单价采用本市 2024 年 1 月造价管理部门发布的信息价；无信息价的，采用市场价格。

十、使用规则和方法

养护维修指标基价由直接费、综合费用和增值税 3 部分费用组成。

直接费包括人工费、材料费和施工机具（机械）费，直接费不包含增值税可抵扣进项税额。其中，人工费包含规费，材料费和施工机具（机械）费不含税。

综合费用包括企业管理费和利润、安全文明施工费及施工措施费等费用。综合费用以“直接费”为基数，乘以 12％的综合费率计算。

增值税以直接费及综合费用之和（不含进项税）为基数，乘以 6％的增值税税率计算。

指标基价可以根据人材机当期市场价格和规定税率进行调整。调整时，可按估算指标中主要人材机消耗量及当期市场价格调整指标的人工费、材料费、施工机具（机械）使用费；再按照规定的计算程序和调整方法计算综合费用和增值税。调整后的指标基价等于调整后的直接费、综合费用和增值税之和。

调整具体计算方法如下：

① 调整后的直接费＝调整后的人工费、材料费、施工机具（机械）使用费之和。

调整后的人工费＝人工消耗量×调整后的人工单价；

调整后的材料费＝材料 1 消耗量×调整后的材料 1 单价＋材料 2 消耗量×调整后的材料 2 单价＋…＋材料 n 消耗量×调整后的材料 n 单价；

调整后的施工机具（机械）使用费＝施工机具（机械）1 消耗量×调整后的施工机具（机械）1 单价＋施工机具（机械）2 消耗量×调整后的施工机具（机械）2 单价＋…＋施工机具（机械）n 消耗量×调整后的施工机具（机械）n 单价。

② 调整后的综合费用＝①×调整后的综合费率。

③ 调整后的增值税＝（①＋②）×调整后的增值税税率。

调整后的养护维修工程指标基价＝①＋②＋③。

十一、估算指标费用计算顺序

本估算指标的费率按照国家和本市造价管理部门发布的规定执行。估算指标费用计算顺序如表 1 所示。

表 1　估算指标费用计算顺序

序号	项目		计算式	备注
1	直接费	人工费、材料费、施工机具（机械）使用费	按估算指标规定计算	不包含增值税可抵扣进项税额
2	综合费用		（1）×综合费率	—
3	增值税		［（1）＋（2）］×增值税税率	按国家规定计取
4	指标基价		（1）＋（2）＋（3）	—

十二、其他说明

1. 本估算指标适用于立体绿化保存期的养护维修工程估算费用的计算。

2. 本估算指标不包括以下费用：

（1）各种自然灾害造成的抢救费用。

（2）重大节日、庆典或专题展览会等活动所发生的费用。

3. 估算指标中注明“××以上”者，不包括××本身；注明“××以下”者，则包括××本身。

4. 凡本说明未尽事宜，详见各章说明和其他相关规定。

基期估算指标汇总表

序号	指标编号	指标名称	单位	指标基价（元）	其中				
					人工费	材料费	施工机具（机械）使用费	综合费用	增值税
1	GYLH010101	屋顶绿化(花园式)	m^2	55.10	35.12	5.25	6.04	5.57	3.12
2	GYLH010102	屋顶绿化(组合式)	m^2	40.28	23.70	4.19	6.04	4.07	2.28
3	GYLH010103	屋顶绿化(草坪式)	m^2	19.61	10.52	3.40	2.60	1.98	1.11
4	GYLH010201	垂直绿化(模块式)3.6 m以下	m^2	118.64	76.42	12.68	10.83	11.99	6.72
5	GYLH010202	垂直绿化(模块式)3.6 m以上	m^2	180.33	79.30	12.86	59.73	18.23	10.21
6	GYLH010203	垂直绿化(攀爬式)3.6 m以下	m^2	11.91	4.20	0.97	4.87	1.20	0.67
7	GYLH010204	垂直绿化(攀爬式)3.6 m以上	m^2	13.82	4.20	0.97	6.47	1.40	0.78
8	GYLH010205	垂直绿化(贴植式)	m^2	32.09	15.98	1.80	9.25	3.24	1.82
9	GYLH010301	高架沿口绿化(月季)	箱	91.90	38.00	3.37	36.04	9.29	5.20
10	GYLH010302	高架沿口绿化(三角梅)	箱	44.58	18.00	1.52	18.03	4.51	2.52
11	GYLH010303	高架沿口绿化(低维护类植物)	箱	59.97	24.00	2.49	24.03	6.06	3.39
12	GYLH010401	棚架绿化	m^2	41.86	26.46	1.04	7.76	4.23	2.37

目　　录

第一章　屋顶绿化

说　明

1. 本章包括屋顶绿化(花园式)、屋顶绿化(组合式)、屋顶绿化(草坪式)3 个估算分项指标。

2. 屋顶绿化指以建(构)筑物顶部为载体,以植物为主体,不与地面土层相接且高出地面 1 500 mm 以上的一种立体绿化形式,可分为花园式、组合式和草坪式 3 种类型。

3. 花园式屋顶绿化是指以选择乔灌草进行多层配置,营造绿化景观,具有游览和休闲功能的屋顶绿化类型。

4. 组合式屋顶绿化是指以单层低矮轻质植被为主,并在屋顶承重部位以组合容器局部复层或多层配置的屋顶绿化类型。

5. 草坪式屋顶绿化是指采用地被植物或攀缘植物进行单层配置的屋顶绿化类型。

6. 本估算指标适用于本市行政区域范围内屋顶绿化日常养护维修工程估算费用的计算。

7. 屋顶绿化养护维修主要工作内容包括修剪、浇灌、施肥、有害生物防控、松土加土与除草、抽稀与补植、附属设施维护、巡查与保洁。

8. 指标使用方法和口径调整规则:

(1) 本估算指标包括少量零星苗木的抽稀与补植费用,未包括新增的苗木、花卉等材料费用。

(2) 本估算指标附属设施维护指小修,不包括中修和大修。

(3) 本估算指标不包括隔离层、排蓄水层等损坏更换费用。

(4) 同时含有 2 种或 3 种形式的屋顶绿化项目,实际操作中,可根据不同类型屋顶绿化的面积,分别计算养护维修费用。

(5) 主要工作内容的养护频次可根据养护维修实际情况进行合理增减。

(6) 根据《园林绿化养护标准》DG/TJ 08—19—2023 附录 K 相关规定,屋顶绿化(花园式)、屋顶绿化(组合式)维修估算指标费用为一级养护标准所需费用,屋顶绿化(草坪式)维修估算指标费用为二级养护标准所需费用。

9. 工程量计算规则:

屋顶绿化面积按绿化总面积计算,以“m^2”为计量单位,应保留小数点后两位数字。

第一节　屋顶绿化(花园式)

<table>
<tr><td>指标编号</td><td colspan="2">GYLH010101</td><td>指标单位</td><td>m²</td><td colspan="2">指标基价(元)</td><td>55.10</td></tr>
<tr><td>指标名称</td><td colspan="4">屋顶绿化(花园式)</td><td rowspan="4">直接费</td><td>人工费(元)</td><td>35.12</td></tr>
<tr><td rowspan="4">项目特征</td><td colspan="4" rowspan="4">绿化面积占屋顶绿化总面积的比例大于或等于70%；乔灌草覆盖面积占绿化面积的比例大于或等于70%；园路铺装面积占屋顶绿化总面积的比例小于或等于25%；园林小品等构筑物占屋顶绿化总面积的比例小于或等于5%</td><td>材料费(元)</td><td>5.25</td></tr>
<tr><td>施工机具(机械)使用费(元)</td><td>6.04</td></tr>
<tr><td colspan="2">综合费用(元)</td><td>5.57</td></tr>
<tr><td colspan="2">增值税(元)</td><td>3.12</td></tr>
</table>

<table>
<tr><td colspan="7">年养护维修直接费用</td></tr>
<tr><td rowspan="2">养护内容</td><td rowspan="2">单价
(元/m²/次)</td><td rowspan="2">作业频次
(次)</td><td rowspan="2">合价
(元)</td><td colspan="3">其中</td></tr>
<tr><td>人工费(元)</td><td>材料费(元)</td><td>机械费(元)</td></tr>
<tr><td>修剪</td><td>1.31</td><td>4</td><td>5.24</td><td>5.24</td><td></td><td></td></tr>
<tr><td>浇灌</td><td>0.13</td><td>90</td><td>11.79</td><td>8.66</td><td>3.13</td><td></td></tr>
<tr><td>施肥</td><td>0.56</td><td>3</td><td>1.69</td><td>1.01</td><td>0.68</td><td></td></tr>
<tr><td>有害生物防控</td><td>0.44</td><td>5</td><td>2.19</td><td>1.75</td><td>0.44</td><td></td></tr>
<tr><td>松土加土与除草</td><td>0.72</td><td>12</td><td>8.66</td><td>7.66</td><td>1.00</td><td></td></tr>
<tr><td>抽稀与补植</td><td>1.25</td><td>2</td><td>2.50</td><td>2.50</td><td></td><td></td></tr>
<tr><td>附属设施维护</td><td>1.19</td><td>2</td><td>2.38</td><td>2.38</td><td></td><td></td></tr>
<tr><td>巡查与保洁</td><td>0.40</td><td>30</td><td>11.96</td><td>5.92</td><td></td><td>6.04</td></tr>
</table>

<table>
<tr><td colspan="5">年主要人材机数量</td></tr>
<tr><td>人材机</td><td>编码</td><td>名称</td><td>单位</td><td>数量</td></tr>
<tr><td>人工</td><td>00090115</td><td>养护工</td><td>工日</td><td>0.175 6</td></tr>
<tr><td rowspan="4">材料</td><td>34110101</td><td>水</td><td>m³</td><td>0.538 3</td></tr>
<tr><td>32490341</td><td>肥料</td><td>kg</td><td>0.208 3</td></tr>
<tr><td>32490551</td><td>药剂</td><td>kg</td><td>0.005 5</td></tr>
<tr><td>36050201</td><td>改良种植土</td><td>m³</td><td>0.002 0</td></tr>
<tr><td>机械</td><td>99070520</td><td>载重汽车 4 t</td><td>台班</td><td>0.010 0</td></tr>
</table>

第二节 屋顶绿化(组合式)

<table>
<tr><td>指标编号</td><td colspan="2">GYLH010102</td><td>指标单位</td><td>m²</td><td colspan="2">指标基价(元)</td><td>40.28</td></tr>
<tr><td>指标名称</td><td colspan="4">屋顶绿化(组合式)</td><td rowspan="3">直接费</td><td>人工费(元)</td><td>23.70</td></tr>
<tr><td rowspan="4">项目特征</td><td colspan="4" rowspan="4">绿化面积占屋顶绿化总面积的比例大于或等于80%;灌木覆盖面积占绿化面积的比例大于或等于50%;园路铺装面积占屋顶绿化总面积的比例小于或等于20%</td><td>材料费(元)</td><td>4.19</td></tr>
<tr><td>施工机具(机械)使用费(元)</td><td>6.04</td></tr>
<tr><td colspan="2">综合费用(元)</td><td>4.07</td></tr>
<tr><td colspan="2">增值税(元)</td><td>2.28</td></tr>
<tr><td colspan="8">年养护维修直接费用</td></tr>
<tr><td colspan="2" rowspan="2">养护内容</td><td rowspan="2">单价
(元/m²/次)</td><td rowspan="2">作业频次
(次)</td><td rowspan="2">合价
(元)</td><td colspan="3">其中</td></tr>
<tr><td>人工费(元)</td><td>材料费(元)</td><td>机械费(元)</td></tr>
<tr><td colspan="2">修剪</td><td>1.14</td><td>4</td><td>4.57</td><td>4.57</td><td></td><td></td></tr>
<tr><td colspan="2">浇灌</td><td>0.09</td><td>90</td><td>8.28</td><td>6.01</td><td>2.27</td><td></td></tr>
<tr><td colspan="2">施肥</td><td>0.51</td><td>3</td><td>1.52</td><td>1.02</td><td>0.50</td><td></td></tr>
<tr><td colspan="2">有害生物防控</td><td>0.42</td><td>5</td><td>2.12</td><td>1.71</td><td>0.41</td><td></td></tr>
<tr><td colspan="2">松土加土与除草</td><td>0.41</td><td>12</td><td>4.92</td><td>3.92</td><td>1.00</td><td></td></tr>
<tr><td colspan="2">抽稀与补植</td><td>1.21</td><td>2</td><td>2.43</td><td>2.43</td><td></td><td></td></tr>
<tr><td colspan="2">附属设施维护</td><td>1.04</td><td>2</td><td>2.07</td><td>2.07</td><td></td><td></td></tr>
<tr><td colspan="2">巡查与保洁</td><td>0.27</td><td>30</td><td>8.02</td><td>1.98</td><td></td><td>6.04</td></tr>
<tr><td colspan="8">年主要人材机数量</td></tr>
<tr><td>人材机</td><td colspan="2">编码</td><td colspan="3">名称</td><td>单位</td><td>数量</td></tr>
<tr><td>人工</td><td colspan="2">00090115</td><td colspan="3">养护工</td><td>工日</td><td>0.118 5</td></tr>
<tr><td rowspan="4">材料</td><td colspan="2">34110101</td><td colspan="3">水</td><td>m³</td><td>0.389 3</td></tr>
<tr><td colspan="2">32490341</td><td colspan="3">肥料</td><td>kg</td><td>0.154 4</td></tr>
<tr><td colspan="2">32490551</td><td colspan="3">药剂</td><td>kg</td><td>0.005 2</td></tr>
<tr><td colspan="2">36050201</td><td colspan="3">改良种植土</td><td>m³</td><td>0.002 0</td></tr>
<tr><td>机械</td><td colspan="2">99070520</td><td colspan="3">载重汽车 4 t</td><td>台班</td><td>0.010 0</td></tr>
</table>

第三节　屋顶绿化(草坪式)

<table>
<tr><td>指标编号</td><td>GYLH010103</td><td>指标单位</td><td>m^2</td><td colspan="2">指标基价(元)</td><td>19.61</td></tr>
<tr><td>指标名称</td><td colspan="3">屋顶绿化(草坪式)</td><td rowspan="3">直接费</td><td>人工费(元)</td><td>10.52</td></tr>
<tr><td rowspan="5">项目特征</td><td colspan="3" rowspan="5">绿化面积占屋顶绿化总面积比例大于或等于 90%;园路铺装面积占屋顶绿化总面积比例小于或等于 10%</td><td>材料费(元)</td><td>3.40</td></tr>
<tr><td>施工机具(机械)使用费(元)</td><td>2.60</td></tr>
<tr><td colspan="2">综合费用(元)</td><td>1.98</td></tr>
<tr><td colspan="2">增值税(元)</td><td>1.11</td></tr>
</table>

年养护维修直接费用

养护内容	单价(元/m^2/次)	作业频次(次)	合价(元)	其中		
				人工费(元)	材料费(元)	机械费(元)
修剪	0.32	4	1.29	1.29		
浇灌	0.08	60	4.91	2.91	2.00	
施肥	0.63	2	1.26	0.88	0.38	
有害生物防控	0.35	4	1.39	1.12	0.27	
松土加土与除草	0.38	6	2.29	1.54	0.75	
抽稀与补植	0.86	1	0.86	0.86		
附属设施维护	0.94	1	0.94	0.94		
巡查与保洁	0.12	30	3.59	0.99		2.60

年主要人材机数量

人材机	编码	名称	单位	数量
人工	00090115	养护工	工日	0.052 6
材料	34110101	水	m^3	0.343 6
	32490341	肥料	kg	0.116 1
	32490551	药剂	kg	0.003 4
	36050201	改良种植土	m^3	0.001 5
机械	99070520	载重汽车 4 t	台班	0.004 3

第二章　垂直绿化

说　明

1. 本章包括垂直绿化(模块式)3.6 m 以下、垂直绿化(模块式)3.6 m 以上、垂直绿化(攀爬式)3.6 m 以下、垂直绿化(攀爬式)3.6 m 以上、垂直绿化(贴植式)5 个估算分项指标。

2. 模块式垂直绿化指将植物、种植土、栽植容器和灌溉装置集合成可以拼装的单元,依靠固定支架灵活组装在立面上的垂直绿化类型。

3. 攀爬式垂直绿化指利用攀缘植物自身的攀爬能力在各种建(构)筑物立面形成覆盖的垂直绿化类型。

4. 贴植式垂直绿化指利用柔韧性强、耐修剪的植物,辅以牵引固定措施,使植物枝叶附着在建(构)筑物立面的垂直绿化类型。

5. 本估算指标适用于本市行政区域范围内垂直绿化日常养护维修工程估算费用的计算。

6. 垂直绿化(模块式)养护维修主要工作内容包括修剪、浇灌、施肥、有害生物防控、加土与除草、更换与补植、附属设施维护、巡查与保洁等。

7. 垂直绿化(攀爬式)和垂直绿化(贴植式)养护维修主要工作内容包括修剪与牵引、浇灌、施肥、有害生物防控、松土加土与除草、更换与补植、附属设施维护、巡查与保洁等。

8. 指标使用方法和口径调整规则:

(1) 本估算指标包括少量零星苗木的抽稀与补植费用,未包括新增的苗木、花卉等材料费用。

(2) 本估算指标附属设施维护指小修,不包括中修和大修。

(3) 如果甲方提供水,则在签订养护协议时自行扣除相关费用。

(4) 模块式垂直绿化以自动浇灌方式为主,以人工浇灌的,消耗量不作调整。

(5) 本养护维修估算指标费用为垂直绿化一级养护标准所需费用。二级养护标准费用为一级养护标准费用的 80%。

(6) 主要工作内容的养护频次可根据养护实际情况进行合理增减。

9. 工程量计算规则:

垂直绿化面积按绿化覆盖面积计算,以“m^2”为计量单位,应保留小数点后两位数字。

第一节　垂直绿化(模块式)3.6 m 以下

指标编号	GYLH010201	指标单位	m^2	指标基价(元)		118.64
指标名称	垂直绿化(模块式)3.6 m 以下			直接费	人工费(元)	76.42
项目特征	将植物、种植土、栽植容器和灌溉装置集合成可以拼装的单元,依靠固定支架灵活组装在立面上的垂直绿化类型;植物以多年生草本植物和小灌木为主;绿化覆盖面积应达到80%以上;高度3.6 m以下				材料费(元)	12.68
					施工机具(机械)使用费(元)	10.83
				综合费用(元)		11.99
				增值税(元)		6.72

年养护维修直接费用

养护内容	单价(元/m^2/次)	作业频次(次)	合价(元)	其中 人工费(元)	材料费(元)	机械费(元)
修剪	5.51	4	22.05	22.05		
浇灌	0.07	150	10.64		10.64	
施肥	2.84	4	11.36	10.80	0.56	
有害生物防控	3.39	5	16.96	11.53	0.48	4.95
加土与除草	0.93	10	9.27	8.27	1.00	
更换与补植	3.48	4	13.93	8.08		5.85
附属设施维护	3.80	2	7.59	7.59		
巡查与保洁	0.27	30	8.11	8.11		

年主要人材机数量

人材机	编码	名称	单位	数量
人工	00090115	养护工	工日	0.382 1
材料	34110101	水	m^3	1.673 1
	34110301	电	kW·h	1.000 0
	32490341	肥料	kg	0.171 3
	32490551	药剂	kg	0.006 0
	36050201	改良种植土	m^3	0.002 0
机械	99070520	载重汽车 4 t	台班	0.009 7
	99310080	打药车 2 t	台班	0.008 3

第二节　垂直绿化(模块式)3.6 m 以上

指标编号	GYLH010202	指标单位	m^2	指标基价(元)		180.33
指标名称	垂直绿化(模块式)3.6 m 以上			直接费	人工费(元)	79.30
项目特征	将植物、种植土、栽植容器和灌溉装置集合成可以拼装的单元,依靠固定支架灵活组装在立面上的垂直绿化类型;植物以多年生草本植物和小灌木为主;绿化覆盖面积应达到80%以上;高度3.6 m 以上			直接费	材料费(元)	12.86
				直接费	施工机具(机械)使用费(元)	59.73
				综合费用(元)		18.23
				增值税(元)		10.21

年养护维修直接费用

养护内容	单价(元/m^2/次)	作业频次(次)	合价(元)	其中		
				人工费(元)	材料费(元)	机械费(元)
修剪	8.42	4	33.69	20.29		13.40
浇灌	0.07	150	10.82		10.82	
施肥	2.79	4	11.16	10.60	0.56	
有害生物防控	4.49	5	22.43	13.00	0.48	8.95
加土与除草	2.57	10	25.74	9.34	1.00	15.40
更换与补植	6.23	4	24.91	11.36		13.55
附属设施维护	4.81	2	9.62	6.62		3.00
巡查与保洁	0.45	30	13.51	8.11		5.40

年主要人材机数量

人材机	编码	名称	单位	数量
人工	00090115	养护工	工日	0.396 5
材料	34110101	水	m^3	1.673 1
	34110301	电	kW·h	1.200 0
	32490341	肥料	kg	0.171 3
	32490551	药剂	kg	0.006 0
	36050201	改良种植土	m^3	0.002 0
机械	99070520	载重汽车 4 t	台班	0.009 7
	99310080	打药车 2 t	台班	0.008 3
	99091900	汽车式高空作业车 18 m	台班	0.048 9

第三节　垂直绿化(攀爬式)3.6 m 以下

<table>
<tr><td>指标编号</td><td>GYLH010203</td><td>指标单位</td><td>m²</td><td colspan="2">指标基价(元)</td><td>11.91</td></tr>
<tr><td>指标名称</td><td colspan="3">垂直绿化(攀爬式)3.6 m 以下</td><td rowspan="4">直接费</td><td>人工费(元)</td><td>4.20</td></tr>
<tr><td rowspan="5">项目特征</td><td colspan="3" rowspan="5">利用攀缘植物自身的攀爬能力在各种建(构)筑物立面形成覆盖的垂直绿化类型;高度 3.6 m 以下</td><td>材料费(元)</td><td>0.97</td></tr>
<tr><td>施工机具(机械)使用费(元)</td><td>4.87</td></tr>
<tr></tr>
<tr><td colspan="2">综合费用(元)</td><td>1.20</td></tr>
<tr><td colspan="2">增值税(元)</td><td>0.67</td></tr>
</table>

年养护维修直接费用

养护内容	单价(元/m²/次)	作业频次(次)	合价(元)	其中		
				人工费(元)	材料费(元)	机械费(元)
修剪与牵引	0.48	4	1.91	0.94		0.97
浇灌	0.07	60	4.44	0.66	0.42	3.36
施肥	0.21	3	0.63	0.40	0.23	
有害生物防控	0.25	5	1.24	0.44	0.26	0.54
松土加土与除草	0.04	12	0.47	0.42	0.05	
更换与补植	0.22	2	0.44	0.44		
附属设施维护	0.05	2	0.10	0.10		
巡查与保洁	0.03	30	0.80	0.80		

年主要人材机数量

人材机	编码	名称	单位	数量
人工	00090115	养护工	工日	0.021 0
材料	34110101	水	m³	0.072 5
	32490341	肥料	kg	0.071 9
	32490551	药剂	kg	0.003 3
	36050201	改良种植土	m³	0.000 1
机械	99070520	载重汽车 4 t	台班	0.001 6
	99310080	打药车 2 t	台班	0.000 9
	99310020	洒水车 4 000 L	台班	0.005 6

第四节 垂直绿化(攀爬式)3.6 m 以上

<table>
<tr><td>指标编号</td><td colspan="2">GYLH010204</td><td>指标单位</td><td>m²</td><td colspan="2">指标基价(元)</td><td>13.82</td></tr>
<tr><td>指标名称</td><td colspan="4">垂直绿化(攀爬式)3.6 m 以上</td><td rowspan="4">直接费</td><td>人工费(元)</td><td>4.20</td></tr>
<tr><td rowspan="5">项目特征</td><td colspan="4" rowspan="5">利用攀缘植物自身的攀爬能力在各种建(构)筑物立面形成覆盖的垂直绿化类型;高度 3.6 m 以上</td><td>材料费(元)</td><td>0.97</td></tr>
<tr><td>施工机具(机械)使用费(元)</td><td>6.47</td></tr>
<tr><td colspan="2">综合费用(元)</td><td>1.40</td></tr>
<tr><td colspan="2">增值税(元)</td><td>0.78</td></tr>
</table>

<table>
<tr><td colspan="7">年养护维修直接费用</td></tr>
<tr><td rowspan="2">养护内容</td><td rowspan="2">单价
(元/m²/次)</td><td rowspan="2">作业频次
(次)</td><td rowspan="2">合价
(元)</td><td colspan="3">其中</td></tr>
<tr><td>人工费(元)</td><td>材料费(元)</td><td>机械费(元)</td></tr>
<tr><td>修剪与牵引</td><td>0.78</td><td>4</td><td>3.11</td><td>0.94</td><td></td><td>2.17</td></tr>
<tr><td>浇灌</td><td>0.07</td><td>60</td><td>4.44</td><td>0.66</td><td>0.42</td><td>3.36</td></tr>
<tr><td>施肥</td><td>0.21</td><td>3</td><td>0.63</td><td>0.40</td><td>0.23</td><td></td></tr>
<tr><td>有害生物防控</td><td>0.33</td><td>5</td><td>1.64</td><td>0.44</td><td>0.26</td><td>0.94</td></tr>
<tr><td>松土加土与除草</td><td>0.04</td><td>12</td><td>0.47</td><td>0.42</td><td>0.05</td><td></td></tr>
<tr><td>更换与补植</td><td>0.22</td><td>2</td><td>0.44</td><td>0.44</td><td></td><td></td></tr>
<tr><td>附属设施维护</td><td>0.05</td><td>2</td><td>0.10</td><td>0.10</td><td></td><td></td></tr>
<tr><td>巡查与保洁</td><td>0.03</td><td>30</td><td>0.80</td><td>0.80</td><td></td><td></td></tr>
</table>

<table>
<tr><td colspan="5">年主要人材机数量</td></tr>
<tr><td>人材机</td><td>编码</td><td>名称</td><td>单位</td><td>数量</td></tr>
<tr><td>人工</td><td>00090115</td><td>养护工</td><td>工日</td><td>0.021 0</td></tr>
<tr><td rowspan="4">材料</td><td>34110101</td><td>水</td><td>m³</td><td>0.072 5</td></tr>
<tr><td>32490341</td><td>肥料</td><td>kg</td><td>0.071 9</td></tr>
<tr><td>32490551</td><td>药剂</td><td>kg</td><td>0.003 3</td></tr>
<tr><td>36050201</td><td>改良种植土</td><td>m³</td><td>0.000 1</td></tr>
<tr><td rowspan="4">机械</td><td>99070520</td><td>载重汽车 4 t</td><td>台班</td><td>0.001 6</td></tr>
<tr><td>99310080</td><td>打药车 2 t</td><td>台班</td><td>0.000 9</td></tr>
<tr><td>99310020</td><td>洒水车 4 000 L</td><td>台班</td><td>0.005 6</td></tr>
<tr><td>99091900</td><td>汽车式高空作业车 18 m</td><td>台班</td><td>0.001 6</td></tr>
</table>

第五节　垂直绿化(贴植式)

<table>
<tr><td>指标编号</td><td>GYLH010205</td><td>指标单位</td><td>m^2</td><td colspan="2">指标基价(元)</td><td>32.09</td></tr>
<tr><td>指标名称</td><td colspan="3">垂直绿化(贴植式)</td><td rowspan="3">直接费</td><td>人工费(元)</td><td>15.98</td></tr>
<tr><td rowspan="5">项目特征</td><td colspan="3" rowspan="5">利用柔韧性强、耐修剪的植物,辅以牵引固定措施,使植物枝叶附着在建(构)筑物立面的垂直绿化类型;可采用网片式或拉线式固定;植物应选择高度 1 500 mm 以上规格</td><td>材料费(元)</td><td>1.80</td></tr>
<tr><td>施工机具(机械)使用费(元)</td><td>9.25</td></tr>
<tr><td colspan="2">综合费用(元)</td><td>3.24</td></tr>
<tr><td colspan="2">增值税(元)</td><td>1.82</td></tr>
</table>

年养护维修直接费用

养护内容	单价(元/m^2/次)	作业频次(次)	合价(元)	其中		
				人工费(元)	材料费(元)	机械费(元)
修剪与牵引	1.42	4	5.69	4.60		1.09
浇灌	0.15	70	10.51	4.54	0.63	5.34
施肥	0.53	3	1.58	1.29	0.29	
有害生物防控	1.00	5	5.02	1.57	0.63	2.82
松土加土与除草	0.12	12	1.39	1.14	0.25	
更换与补植	0.78	1	0.78	0.78		
附属设施维护	0.45	2	0.90	0.90		
巡查与保洁	0.04	30	1.16	1.16		

年主要人材机数量

人材机	编码	名称	单位	数量
人工	00090115	养护工	工日	0.079 9
材料	34110101	水	m^3	0.108 7
	32490341	肥料	kg	0.088 6
	32490551	药剂	kg	0.007 9
	36050201	改良种植土	m^3	0.000 5
机械	99070520	载重汽车 4 t	台班	0.001 8
	99310080	打药车 2 t	台班	0.005 2
	99310020	洒水车 4 000 L	台班	0.008 9

第三章　沿口绿化

说　明

1. 本章包括高架沿口绿化(月季)、高架沿口绿化(三角梅)、高架沿口绿化(低维护类植物)3个估算分项指标。

2. 沿口绿化指以建(构)筑物边缘为载体,设置植物栽植容器,以植物为主体营建的一种立体绿化形式。沿口绿化在本市立体绿化中分布较广,应用形式主要指建筑沿口绿化、高架(天桥)沿口绿化、窗阳台绿化等。

3. 本估算指标适用于本市行政区域范围内沿口绿化日常养护维修工程估算费用的计算。

4. 高架沿口绿化(月季)和高架沿口绿化(低维护类植物)养护维修主要工作内容包括修剪、浇水(含叶面冲洗)、施肥、有害生物防控、加土松土与除草。高架沿口绿化(三角梅)养护维修主要工作内容包括修剪、浇水(含叶面冲洗)、施肥、有害生物防控与除草。

5. 高架沿口绿化(月季)和高架沿口绿化(低维护类植物)养护维修估算指标为全年12个月的养护维修费用;高架沿口绿化(三角梅)养护维修估算指标为6个月的养护维修费用。

6. 指标使用方法和口径调整规则:

(1) 本估算指标包括少量零星苗木的抽稀与补植费用,未包括新增的苗木、花卉等材料费用。

(2) 本估算指标未包括花箱的更换与维修、小横杆油漆、日常巡视保洁、摆花、运输、封路等费用。

(3) 本估算指标费用为高架沿口绿化一级养护标准所需费用。二级养护标准费用为一级养护标准费用的80%。

(4) 本估算指标中高架沿口绿化的花箱上口表面积约为0.24 m^2,其他形式的沿口绿化日常养护维修指标参照相近的高架沿口绿化指标,其他形式的沿口绿化日常养护维修消耗量=实际花箱上口面积÷0.24×高架沿口绿化日常养护维修消耗量。

(5) 主要工作内容的养护频次可根据养护实际情况进行合理增减。

7. 工程量计算规则:

高架沿口绿化按“箱”数量计算,应取整数。

第一节　高架沿口绿化(月季)

<table>
<tr><td>指标编号</td><td colspan="2">GYLH010301</td><td>指标单位</td><td>箱</td><td colspan="2">指标基价(元)</td><td>91.90</td></tr>
<tr><td>指标名称</td><td colspan="4">高架沿口绿化(月季)</td><td rowspan="3">直接费</td><td>人工费(元)</td><td>38.00</td></tr>
<tr><td rowspan="4">项目特征</td><td colspan="4" rowspan="4">以建(构)筑物边缘为载体,设置植物栽植容器,以月季为主体营建的一种立体绿化形式;土面应低于种植箱沿口 30 mm～50 mm</td><td>材料费(元)</td><td>3.37</td></tr>
<tr><td>施工机具(机械)使用费(元)</td><td>36.04</td></tr>
<tr><td colspan="2">综合费用(元)</td><td>9.29</td></tr>
<tr><td colspan="2">增值税(元)</td><td>5.20</td></tr>
<tr><td colspan="8">年养护维修直接费用</td></tr>
<tr><td colspan="2" rowspan="2">养护内容</td><td rowspan="2">单价
(元/箱/次)</td><td rowspan="2">作业频次
(次)</td><td rowspan="2">合价
(元)</td><td colspan="3">其中</td></tr>
<tr><td>人工费(元)</td><td>材料费(元)</td><td>机械费(元)</td></tr>
<tr><td colspan="2">修剪</td><td>1.74</td><td>4</td><td>6.97</td><td>4.56</td><td></td><td>2.41</td></tr>
<tr><td colspan="2">浇水(含叶面冲洗)</td><td>0.31</td><td>170</td><td>52.83</td><td>26.60</td><td>2.23</td><td>24.00</td></tr>
<tr><td colspan="2">施肥</td><td>0.77</td><td>5</td><td>3.87</td><td>1.90</td><td>0.16</td><td>1.81</td></tr>
<tr><td colspan="2">有害生物防控</td><td>1.05</td><td>8</td><td>8.38</td><td>1.90</td><td>0.48</td><td>6.00</td></tr>
<tr><td colspan="2">松土加土与除草</td><td>0.45</td><td>12</td><td>5.35</td><td>3.04</td><td>0.50</td><td>1.81</td></tr>
<tr><td colspan="8">年主要人材机数量</td></tr>
<tr><td>人材机</td><td colspan="2">编码</td><td colspan="3">名称</td><td>单位</td><td>数量</td></tr>
<tr><td>人工</td><td colspan="2">00090115</td><td colspan="3">养护工</td><td>工日</td><td>0.190 0</td></tr>
<tr><td rowspan="4">材料</td><td colspan="2">34110101</td><td colspan="3">水</td><td>m^3</td><td>0.382 5</td></tr>
<tr><td colspan="2">32490341</td><td colspan="3">肥料</td><td>kg</td><td>0.050 0</td></tr>
<tr><td colspan="2">32490551</td><td colspan="3">药剂</td><td>kg</td><td>0.006 0</td></tr>
<tr><td colspan="2">36050201</td><td colspan="3">改良种植土</td><td>m^3</td><td>0.001 0</td></tr>
<tr><td rowspan="3">机械</td><td colspan="2">99070520</td><td colspan="3">载重汽车 4 t</td><td>台班</td><td>0.010 0</td></tr>
<tr><td colspan="2">99310080</td><td colspan="3">打药车 2 t</td><td>台班</td><td>0.010 0</td></tr>
<tr><td colspan="2">99310020</td><td colspan="3">洒水车 4 000 L</td><td>台班</td><td>0.040 0</td></tr>
</table>

第二节　高架沿口绿化(三角梅)

<table>
<tr><td>指标编号</td><td colspan="2">GYLH010302</td><td>指标单位</td><td>箱</td><td colspan="2">指标基价(元)</td><td>44.58</td></tr>
<tr><td>指标名称</td><td colspan="4">高架沿口绿化(三角梅)</td><td rowspan="3">直接费</td><td>人工费(元)</td><td>18.00</td></tr>
<tr><td rowspan="4">项目特征</td><td colspan="4" rowspan="4">以建(构)筑物边缘为载体,设置植物栽植容器,以三角梅为主体营建的一种立体绿化形式;土面应低于种植箱沿口 30 mm～50 mm</td><td>材料费(元)</td><td>1.52</td></tr>
<tr><td>施工机具(机械)使用费(元)</td><td>18.03</td></tr>
<tr><td colspan="2">综合费用(元)</td><td>4.51</td></tr>
<tr><td colspan="2">增值税(元)</td><td>2.52</td></tr>
<tr><td colspan="8">6 个月养护维修直接费用</td></tr>
<tr><td colspan="2" rowspan="2">养护内容</td><td rowspan="2">单价
(元/箱/次)</td><td rowspan="2">作业频次
(次)</td><td rowspan="2">合价
(元)</td><td colspan="3">其中</td></tr>
<tr><td>人工费(元)</td><td>材料费(元)</td><td>机械费(元)</td></tr>
<tr><td colspan="2">修剪</td><td>1.32</td><td>3</td><td>3.97</td><td>2.16</td><td></td><td>1.81</td></tr>
<tr><td colspan="2">浇水(含叶面冲洗)</td><td>0.27</td><td>90</td><td>24.58</td><td>12.60</td><td>1.18</td><td>10.80</td></tr>
<tr><td colspan="2">施肥</td><td>1.40</td><td>2</td><td>2.81</td><td>0.90</td><td>0.10</td><td>1.81</td></tr>
<tr><td colspan="2">有害生物防控</td><td>2.94</td><td>1</td><td>2.94</td><td>0.90</td><td>0.24</td><td>1.80</td></tr>
<tr><td colspan="2">除草</td><td>0.54</td><td>6</td><td>3.25</td><td>1.44</td><td></td><td>1.81</td></tr>
<tr><td colspan="8">6 个月主要人材机数量</td></tr>
<tr><td>人材机</td><td colspan="2">编码</td><td colspan="3">名称</td><td>单位</td><td>数量</td></tr>
<tr><td>人工</td><td colspan="2">00090115</td><td colspan="3">养护工</td><td>工日</td><td>0.090 0</td></tr>
<tr><td rowspan="3">材料</td><td colspan="2">34110101</td><td colspan="3">水</td><td>m³</td><td>0.202 5</td></tr>
<tr><td colspan="2">32490341</td><td colspan="3">肥料</td><td>kg</td><td>0.030 0</td></tr>
<tr><td colspan="2">32490551</td><td colspan="3">药剂</td><td>kg</td><td>0.003 0</td></tr>
<tr><td rowspan="3">机械</td><td colspan="2">99070520</td><td colspan="3">载重汽车 4 t</td><td>台班</td><td>0.009 0</td></tr>
<tr><td colspan="2">99310080</td><td colspan="3">打药车 2 t</td><td>台班</td><td>0.003 0</td></tr>
<tr><td colspan="2">99310020</td><td colspan="3">洒水车 4 000 L</td><td>台班</td><td>0.018 0</td></tr>
</table>

第三节　高架沿口绿化(低维护类植物)

<table>
<tr><td>指标编号</td><td colspan="2">GYLH010303</td><td>指标单位</td><td>箱</td><td colspan="2">指标基价(元)</td><td>59.97</td></tr>
<tr><td>指标名称</td><td colspan="4">高架沿口绿化(低维护类植物)</td><td rowspan="3">直接费</td><td>人工费(元)</td><td>24.00</td></tr>
<tr><td rowspan="4">项目特征</td><td colspan="4" rowspan="4">以建(构)筑物边缘为载体，设置植物栽植容器，以低维护类植物为主体营建的一种立体绿化形式；土面应低于种植箱沿口 30 mm～50 mm</td><td>材料费(元)</td><td>2.49</td></tr>
<tr><td>施工机具(机械)使用费(元)</td><td>24.03</td></tr>
<tr><td colspan="2">综合费用(元)</td><td>6.06</td></tr>
<tr><td colspan="2">增值税(元)</td><td>3.39</td></tr>
<tr><td colspan="8">年养护维修直接费用</td></tr>
<tr><td colspan="2" rowspan="2">养护内容</td><td rowspan="2">单价
(元/箱/次)</td><td rowspan="2">作业频次
(次)</td><td rowspan="2">合价
(元)</td><td colspan="3">其中</td></tr>
<tr><td>人工费(元)</td><td>材料费(元)</td><td>机械费(元)</td></tr>
<tr><td colspan="2">修剪</td><td>1.91</td><td>2</td><td>3.81</td><td>2.00</td><td></td><td>1.81</td></tr>
<tr><td colspan="2">浇水(含叶面冲洗)</td><td>0.31</td><td>110</td><td>33.77</td><td>16.00</td><td>1.57</td><td>16.20</td></tr>
<tr><td colspan="2">施肥</td><td>1.10</td><td>3</td><td>3.31</td><td>2.00</td><td>0.10</td><td>1.21</td></tr>
<tr><td colspan="2">有害生物防控</td><td>1.77</td><td>3</td><td>5.32</td><td>2.00</td><td>0.32</td><td>3.00</td></tr>
<tr><td colspan="2">松土加土与除草</td><td>0.72</td><td>6</td><td>4.31</td><td>2.00</td><td>0.50</td><td>1.81</td></tr>
<tr><td colspan="8">年主要人材机数量</td></tr>
<tr><td>人材机</td><td colspan="2">编码</td><td colspan="3">名称</td><td>单位</td><td>数量</td></tr>
<tr><td>人工</td><td colspan="2">00090115</td><td colspan="3">养护工</td><td>工日</td><td>0.120 0</td></tr>
<tr><td rowspan="4">材料</td><td colspan="2">34110101</td><td colspan="3">水</td><td>m^3</td><td>0.270 0</td></tr>
<tr><td colspan="2">32490341</td><td colspan="3">肥料</td><td>kg</td><td>0.030 0</td></tr>
<tr><td colspan="2">32490551</td><td colspan="3">药剂</td><td>kg</td><td>0.004 0</td></tr>
<tr><td colspan="2">36050201</td><td colspan="3">改良种植土</td><td>m^3</td><td>0.001 0</td></tr>
<tr><td rowspan="3">机械</td><td colspan="2">99070520</td><td colspan="3">载重汽车 4 t</td><td>台班</td><td>0.008 0</td></tr>
<tr><td colspan="2">99310080</td><td colspan="3">打药车 2 t</td><td>台班</td><td>0.005 0</td></tr>
<tr><td colspan="2">99310020</td><td colspan="3">洒水车 4 000 L</td><td>台班</td><td>0.027 0</td></tr>
</table>

第四章　棚架绿化

说　明

1. 本章有棚架绿化 1 个估算分项指标。

2. 棚架绿化是以各类棚架为载体，利用攀缘植物进行覆盖的一种立体绿化形式。

3. 本估算指标适用于本市行政区域范围内棚架绿化日常养护维修工程估算费用的计算。

4. 棚架绿化养护维修主要工作内容包括修剪与牵引、浇灌、施肥、有害生物防控、松土除草、抽稀与补植、附属设施维护、巡查与保洁。

5. 指标使用方法和口径调整规则：

(1) 本估算指标包括少量零星苗木的抽稀与补植费用，未包括新增的苗木、花卉等材料费用。

(2) 本估算指标附属设施维护指小修，不包括中修和大修。

(3) 本养护维修估算指标费用为棚架绿化一级养护标准所需费用。二级养护标准费用为一级养护标准费用的 80%。

(4) 主要工作内容的养护频次可根据养护实际情况进行合理增减。

6. 工程量计算规则：

棚架绿化面积按绿化覆盖面积计算，以“m^2”为计量单位，应保留小数点后两位数字。

第一节　棚架绿化

指标编号	GYLH010401	指标单位	m^2	指标基价(元)		41.86
指标名称	棚架绿化			直接费	人工费(元)	26.46
项目特征	以各类棚架为载体,利用攀缘植物进行覆盖的一种立体绿化形式;成型后枝叶覆盖面积不低于 90%			直接费	材料费(元)	1.04
				直接费	施工机具(机械)使用费(元)	7.76
				综合费用(元)		4.23
				增值税(元)		2.37

年养护维修直接费用

养护内容	单价(元/m^2/次)	作业频次(次)	合价(元)	其中		
				人工费(元)	材料费(元)	机械费(元)
修剪与牵引	2.42	4	9.69	6.07		3.62
浇灌	0.13	70	9.02	4.51	0.37	4.14
施肥	0.66	3	1.97	1.54	0.43	
有害生物防控	0.60	5	3.00	2.75	0.25	
松土除草	0.52	5	2.60	2.60		
抽稀与补植	1.63	1	1.63	1.63		
附属设施维护	1.54	2	3.08	3.08		
巡查与保洁	0.14	30	4.29	4.29		

年主要人材机数量

人材机	编码	名称	单位	数量
人工	00090115	养护工	工日	0.132 3
材料	34110101	水	m^3	0.063 0
	32490341	肥料	kg	0.130 9
	32490551	药剂	kg	0.003 1
机械	99070520	载重汽车 4 t	台班	0.006 1
	99310020	洒水车 4 000 L	台班	0.006 9

附录 A　基期人材机单价汇总表

序号	编码	人材机名称	规格型号	单位	单价(元)
1	00090115	养护工	—	工日	200.00
2	34110101	水	—	m^3	5.82
3	34110301	电	—	kW·h	0.90
4	32490341	肥料	复合肥	kg	3.25
5	32490551	药剂	—	kg	80.00
6	36050201	改良种植土	—	m^3	500.80
7	99310080	打药车	2 t	台班	600.00
8	99310020	洒水车	4 000 L	台班	600.00
9	99091900	汽车式高空作业车	18 m	台班	1 000.00
10	99070520	载重汽车	4 t	台班	603.55

注:人工费包含规费,材料费和施工机具(机械)费不含税。